卡哇伊的貓毛氈

手創玩家 **貓小P**———著

人文的 · 健康的 · DIY的
腳丫文化

自序

　　會出版這本書，有個重點原因之一是，我家肥貓們都很會掉毛。幫貓咪梳毛時，就曾經留下牠們的少許毛，當時家裡有6隻貓，分別可以梳下灰白、米、橘、咖啡色等，這些貓毛色彩渾然天成，並把貓的毛裝在小玻璃罐裡。為了居家環境整潔，以前貓咪的落毛與梳下的貓毛，大多是丟掉了，不過，現在發現貓毛也可以拿來做東西了喔，那就是「貓毛氈」。

　　近年來手作的流行與普遍，大家對羊毛氈手工藝並不陌生，然而我把腦筋動到了貓毛上，雖然貓毛材質不如羊毛，但貓毛出在貓身上，對本身有養貓的人來說，取用方便（而且本來就需要經常幫貓咪梳毛），於是我把貓毛拿來當做羊毛那樣試玩看看，發現貓毛氈實在太好玩了。因為是用自家心愛貓咪的毛做成的東西，感覺也特別有意思呢。

卡哇伊的貓毛氈

每次收集貓毛時，都細心幫貓咪梳毛，貓咪們很享受梳毛時刻，時常期待著就自動乖乖窩好、趴好或躺好，還會排隊等著麻迷梳毛毛。

　　有時候我會想，肥貓們如果知道自己身上的毛是手作的重要材料，牠們之間會不會出現什麼有趣對話？

　　肥貓們可能會說——

 包子：我供應的毛量很多耶，所以可以多吃一點嗎？

 圓圓：產毛很辛苦捏，人家想吃罐罐啦！

 Bubi：雖然我的是長毛，但產量沒有包子多，而且超會打結，所以有得吃就好⋯⋯。

 小肥糖：貓毛氈是什麼，可以吃嗎？（呆到不知道什麼是什麼）

 肥豆：隨便啦！我的毛妳梳得下來就通通送妳啦！（肥豆掉毛比較少）

　　自從養了第一隻貓咪Bubi到現在已經13年了，養貓後我的人生開始改變。肥貓們激發我的想像創造力，我開始幫牠們寫故事、畫畫、手作和攝影等，因為愛貓，就越想發展更多關於貓的創作。

　　這次最開心的就是肥貓們一起參與了我的手作書《卡哇伊的貓毛氈》，除了與大家分享之外，也想把這本書獻給我親愛的肥貓寶貝們。

目次

Part 1

How to make

開始動手做

貓毛氈是什麼？

　　就是用貓毛所製作的毛氈。

　　相信許多人都知道羊毛氈，製作過羊毛氈手工藝的朋友們一定也對羊毛與戳針工具不陌生，羊毛細長又捲曲的特性，適合氈化製作成各式生活雜貨。而貓毛氈呢？簡單的說就是以羊毛氈相似的方法來製作，不同的地方在於以貓毛取代羊毛。

貓毛與羊毛在毛質上就有很大的不同，羊毛細、長、捲曲，材料已經過處理染色，顏色多樣，可以製作大型的生活雜貨，如袋子、帽子、圍巾等；而貓毛的採集是從家貓身上梳下來的毛，需要自行清洗處理，雖是同一隻貓身上梳下的，毛質也不太一樣，有細有粗，有長有短，顏色有深有淺，但全均勻混成一種單純毛色，在製作貓毛氈時，能選擇的貓毛顏色不多，還有因為貓毛質地不屬捲曲，也無法很紮實的氈化，因此貓毛不易製作成大型的生活雜貨，只能製作小型作品或點綴式的圖案。

依據貓毛特性，可以使用水毛氈與針毛氈兩種方法來達成毛的氈化作用。所謂的「氈化」是指原毛透過原毛纖維之間相互的交纏、揉合，使之成為堅韌毛片或毛球。

水毛氈（ 💧 水滴符號）

以稀釋洗潔劑溶液潤濕貓毛，透過搓揉的方式使貓毛氈化。可氈化成毛氈片或毛氈球，氈化後的貓毛較紮實有型，但因貓毛纖維不如羊毛長與捲曲，如製作太大面積片狀貓毛氈，若有不當的用力拉扯，就很容易再鬆散開了。

🐾水毛氈

針毛氈（ 🔩 倒L型針符號）

使用特殊工具 —— 戳戳樂針，連續戳刺貓毛使之變得紮實、成型，貓毛由於纖維短，適合戳刺在布上做小型圖案，而過大的立體貓毛氈不易成型，但還是可以製作，需注意貓毛的用量足夠，使之能支撐起造型主體。

🐾針毛氈

看完以上，是否對貓毛氈已有初步的認識了呢？本書依據貓毛的特性，設計製作貓毛氈雜貨，以針毛氈法製作小圖案配件，以水毛氈法製作毛氈片、毛氈球，並以此為基本素材再延伸製作其他作品，還應用水毛氈製作了手指貓偶。建議讀者不妨熟悉了基本製作方法之後，再嘗試各種運用法吧！

貓毛氈製作Q&A

Q 水毛氈是否用溫水比較容易氈化？

A 使用溫水加上洗潔劑，可先洗去貓毛上污垢灰塵的黏膩感，洗潔劑讓貓毛纖維柔潤而互相交錯氈化，如果貓毛已經清洗處理過，使用一般的常溫水也是可以製作的。請勿使用太熱的水，以免燙傷自己的手。

Q 水毛氈的泡泡越多越好嗎？

A 洗潔劑可幫助洗淨貓毛，但如加入太多的洗潔劑讓毛與毛之間摩擦力減少，反而不易氈化。

Q 水毛氈失敗了怎麼辦？

A 如果毛量不多，就把它當毛片清洗，貓毛乾燥後再分開使用。如果是製作貓毛球失敗，無法順利揉合成圓形，可以試試看把它當成圓心，在外層平均包覆貓毛，再揉合製作一次。若真的不成型，那也只好放棄，貓毛再梳就有了。

Q 針毛氈的作品表面會毛毛的嗎？

A 貓毛有粗有細有長有短，毛氈表面感覺很毛躁，是正常的現象，如果較粗的毛岔出表面，可以將它挑掉或修剪。

Q 為什麼使用的戳針容易斷？

A 使用戳針時，垂直戳入布裡，力道均勻，動作確實，不急不徐，有時候布的支撐度不夠，戳針不好戳入布裡，或布料太硬卻硬要把針戳入，就容易因使用不當而斷針。

Q 戳入布內的針毛氈如果失敗了怎麼辦？

A 因為貓毛纖維很短，可以直接用手把毛摘下來，重新再做。

Q 貓毛為什麼會四處飄散？

A 貓毛很細很輕，會飄散很正常，即使已製作成作品，可能一樣會有脫毛的現象，收藏時放入透明夾鏈袋並保持乾燥。
也因為貓毛容易飄散，存放貓毛材料時，最好使用毛氈片方式來保存，用多少就取多少。
集中成團狀或片狀，比較不會脫落成一根根的毛飄散在空中，應會減少貓毛四處飄散的現象。

這是麻迷幫我做的貓咪畫像喔！

Q 對貓毛過敏的人也可以製作貓毛氈嗎？

A 過敏的人應該是指對貓毛裡夾雜粉塵過敏。幫貓梳毛時，如果怕貓毛裡粉塵飄散，可帶上口罩。而貓毛如果已經過清洗成毛氈片，貓毛裡的粉塵也會跟著沖洗掉，應該可以減低因粉塵而引起的過敏。如果還是有過敏現象，盡量讓貓毛不要飄散，集中放置盒內，應能減緩接觸貓毛而引發的過敏現象。

貓毛氈製作基礎

收集貓毛

針梳

從針梳取下的貓毛呈片狀，存放時不必特別處理，保持原狀即可。可放入紙盒中，勿置於密閉潮濕袋子，不然很容易發臭變質。

1 幫貓咪梳毛
使用針梳輕輕梳下貓毛

2 如何取下貓毛
用寬齒梳插入針梳底部

3 挑起，取出貓毛

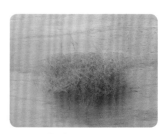

4 針梳取下貓毛

齒梳

1 使用齒梳幫貓咪梳毛。

2 梳下的貓毛。

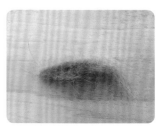

3 用手取下梳子上的貓毛。

貓毛的清洗

　　輕輕清洗貓毛，如果貓毛上有灰塵或髒污，趁搓洗時挑出或清洗時輕輕撥除。如果貓毛上有明顯的皮屑、灰塵，建議再反覆清洗一兩次。若髒污灰塵不易清除，建議直接將貓毛丟棄。

　　清洗用具有吸水毛巾或乾淨的專用抹布、水盆、盤子、保鮮膜、水、稀釋過的洗髮精或洗碗精（簡稱洗潔劑）

　　塑膠片：利用塑膠片當型版來清洗貓毛，用意是將貓毛包覆於塑膠片上，比較好清洗、容易拿取，而且也方便整理，塑膠片的優點是不怕水。

　　洗潔劑：洗髮精或中性洗碗精加水稀釋後噴在貓毛上使之氈化。製作貓毛氈使用洗髮精來清洗動物毛髮再適合不過了，而且可以選用自己喜歡的香味的洗髮精。

　　抹布：使用吸水毛巾或乾淨專用抹布以吸乾貓毛上的水份。吸水布請選擇不會沾黏貓毛的材質。

　　保鮮膜：使用洗潔劑清洗貓毛時，為了避免沾污雙手，可以利用保鮮膜或塑膠袋搓揉，或戴手套代替。

我討厭洗澡！

我喜歡泡熱水澡！

清潔步驟

1 取化妝品的塑膠包裝盒，剪下塑膠片。

2 塑膠片大小寬約3~4公分，長8公分。

3 取少許貓毛包覆於塑膠片上，

4 每一面各包覆一層即可，不用多，也不用包太厚。

5 將包覆的貓毛片整個浸濕。

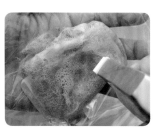

6 在貓毛片上噴上洗潔劑。

7 貓毛片置於保鮮膜上，手指隔著保鮮膜輕輕搓揉貓毛，搓揉的同時也將貓毛裡的空氣擠壓出來。

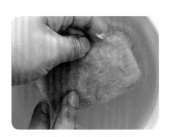

8 放入清水中清洗乾淨。

9 以毛巾將水吸乾，然後靜置到完全乾燥。

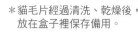

＊貓毛片經過清洗、乾燥後，放在盒子裡保存備用。

貓毛與作品的保存

　　貓毛氈作品請儘量保持乾燥，放在乾淨的夾鏈袋裡保存，減少灰塵的沾黏。

　　清洗過後的貓毛片，同樣要保持乾燥，如果可以在盒子裡放入防蟲片更佳。

　　如果貓毛氈作品髒污，可用中性洗潔精加水稀釋來清洗，輕輕手洗，把髒汗與灰塵清洗掉，勿大力搓洗，以免毛氈嚴重變型脫落。

　　如果貓毛氈上的毛有脫落的情況，可能是不小心摩擦到會沾黏貓毛的東西，如果形狀已經變得模糊不完整，建議就將作品整修一下，需要增加貓毛的部份就使用戳針均勻戳入貓毛。

　　貓毛氈作品最怕膠帶和會沾黏的材質物品，如受到強力摩擦也會使貓毛脫落喔！

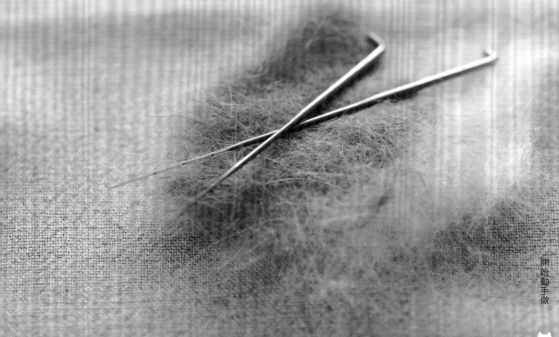

了解貓毛氈

製作貓毛氈，貓毛是最重要的材料，在居家生活中學習如何保養貓毛，讓你在製作貓毛氈作品時，更輕鬆上手。

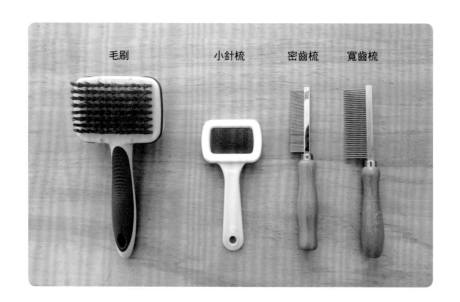

毛刷　　　　小針梳　　密齒梳　　寬齒梳

各種毛梳介紹

針梳：梳貓毛背部與腹部大面積時使用，可以梳下貓咪身上脫落的貓毛，梳下後貓毛成均勻片狀，製作貓毛氈清洗貓毛做毛片時十分方便。

毛刷：刷去毛上附著灰塵，讓毛色亮麗。

小針梳：梳在貓咪身上毛較短的部分，身上局部面積較小的地方。

密齒梳：梳理黏住的貓毛，或梳在貓咪頭上下巴或腮幫子的地方，貓毛上有小蟲或灰塵都可以用密齒梳來梳理。

寬齒梳：均勻把毛梳開，若身上有輕微毛球也能輕輕梳開或梳下來。

以梳毛方式收集貓毛

我很容易
掉毛

平常每天幫貓咪梳一～二次的毛。

換毛季節則每天梳三～四次，視每一隻貓咪的落毛程度增減。

就算幫貓咪梳毛的落毛量不多也沒關係，因為跟貓咪的品種和體質有關，有些貓咪很會掉毛，有些貓咪掉毛量不多，不需要為了製作貓毛氈作品而過度梳毛。

以我家的貓咪肥豆為例，牠的毛較短且軟，不易打結，幫牠梳毛是為了梳下身上的皮屑、灰塵等讓貓毛保持乾淨。肥豆被梳下的落毛不多，毛因為較短無法梳下成毛片狀，只能慢慢收集或在夏天前後的換毛季節梳毛，才能有一定的毛量。

我最愛
翻肚子睡！

喵～
哇喜肥豆

如何幫貓咪梳毛

　　讓貓咪趴著或窩著，喬一個牠自己覺得舒服的姿勢，才能保持穩定狀態。梳理時要順毛梳，如果梳子卡住梳不動時，千萬不要硬扯梳子，有可能是毛有沾黏或打結，這時候應該更小心梳理，若是把打結的毛硬扯下來，會讓貓咪的皮膚受到拉扯而受傷。

　　排梳：順毛梳理掉毛，清理毛球可慢慢梳開互相沾黏的毛。

　　針梳：梳掉毛底層的掉毛，梳掉貓毛上的皮屑與灰塵。

　　梳理貓咪肚子部份的毛時，要小心有時候貓咪很敏感，有些貓不喜歡被摸肚子。貓咪被梳毛時就好像全身被按摩，會覺得興奮，可能會有打滾，或伸爪、抓梳子或咬梳子的情形，要小心貓咪因為興奮而有突發的反應動作。

梳毛馬殺雞好舒服～

對對對！就是這裡～

卡哇伊的貓毛氈

認識貓毛

　　貓咪每個部位的毛長與質地都不太一樣，肚子最細，有時候毛很稀梳，也不太會掉毛。但長毛貓肚子的毛會長比較長，四腳胳肢窩下的長毛容易打結，需要經常梳理。

　　身體兩側毛量多，質地較軟且平均。接近尾巴的臀部，有時候因為貓咪自己不太舔得到，毛質較油，容易打結。尾巴的毛質也是較粗硬，有時候容易有黴菌寄生，如果梳理下來的貓毛很髒，有不易清洗的灰塵髒污，建議不要使用，將它丟棄。

　　製作貓毛氈的貓毛收集，建議收集貓咪身體兩側的毛，比較不會有粗細不等的毛質。梳下尾巴或較油、較髒的貓毛，就以搓洗的方式直接製作毛氈球。

　　貓的毛除非是純色，否則有時候一根毛就帶有兩到三種顏色。梳下的貓毛通常混有外層毛與底層毛，交錯混合了毛的深淺顏色。

　　以我家的小肥糖為例，外表看起來深咖啡色雜帶橘毛，還有黑色紋路，但梳下的毛的顏色，比看起來的毛色呈現還要淺一點的棕灰色。

小肥糖：我的毛有三種顏色，可是梳下來全都混成棕色了。

圓圓：我的毛是橘色的～

包子：我的毛是米色的～

長毛與短毛的差別

長毛：約4～8公分

短毛：約3～5公分

貓毛底層毛：保暖層的毛，細、軟、蓬鬆。

貓毛外層毛：質地較粗、硬、防水，尤其在背脊到尾巴上的毛質最硬。

收集貓毛的最佳時機

當春天到來，氣溫漸漸轉熱，有些貓咪就開始有掉毛的情況，每天幫貓咪梳毛都可以梳下一梳子的毛量，從春天到了夏天，便到了貓咪大量換毛的季節，也就是貓咪的保暖底層毛開始大量脫落，這個時候每天要幫貓咪梳上三到四次的毛。

曾經在12月～1月天氣寒冷的冬季幫貓咪梳毛，但掉毛情況很少，梳了好幾天才有一整個梳子的毛量呢。

4月～6月進入夏天，天氣轉熱，為貓咪大量掉毛季節，此時是收集貓毛的最好時間喔。

收集貓毛時要注意的事

貓毛搓洗成毛氈球後，硬質的毛容易岔出，不易成球型。

製作貓毛氈請盡量使用梳下的貓毛，不使用剃下的貓毛。這是因為梳下的貓毛已經經過均勻的交錯成毛片狀。

而剃下的貓毛沒有互相交錯，貓毛鬆散，不易拿取，不易定型，毛短且毛質分部不均，粗細差異大，所以不易製作。

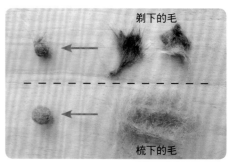

🐾 上：以剃下的貓毛所製作的毛氈球，容易有大量岔出的硬毛質。

🐾 下：以毛氈球來說，梳下的貓毛所製作的毛氈球，均勻、緊密、紮實。

卡哇伊的貓毛氈

貓毛二三事

　　有些貓咪很怕水，想要帶牠去洗澡就死命掙扎。所以如果你家的貓咪不愛洗澡或不常洗澡，那麼至少要常幫貓咪梳毛，這樣可以使毛皮保持乾淨、健康。

改善貓咪吐毛球問題

　　貓咪的舌頭上有像毛刷一樣的刺狀物，牠們會自己舔毛、整理皮毛。愛乾淨的貓咪，幾乎是天天都要舔毛打理自己。如果身為主人的我們能每天，或適時幫貓咪梳毛，多少會改善或減少貓咪因為舔毛吞進過量貓毛，而引發的嘔吐或腸胃阻塞問題。

梳毛使毛皮更健康

　　主人也能在幫貓咪梳毛時，翻開貓毛底層檢查毛皮的健康。有時候貓咪打架可能有抓傷或咬傷，若常幫貓咪梳毛，也可以即時檢查貓咪皮膚是否異常。有些短毛貓的掉毛量很少，也梳不下大量的毛，但也不能就此不梳，因為幫貓咪梳毛的好處是，可以達到按摩效果，增進皮膚層的血液循環與代謝。

包子：黑白配，男生女生配…

　　長毛貓、蘇格蘭摺耳貓和美國短毛貓、波斯貓等品種貓，因為牠們有底層毛，也就是接近皮膚的保暖細毛，所以容易掉毛，毛也容易打結。如果每天能幫牠們梳毛，就可以最直接改善貓毛不再容易打結的問題，而家裡所散落的貓毛皮屑也會明顯減少許多。

狗毛也能做毛氈嗎？

　　不是所有的貓毛或狗毛都適合拿製作毛氈小物。會因為貓狗的品種不同、是否容易掉毛的程度、還有毛的長度與毛質等狀況而有差異。

　　基本上家中有養貓咪或狗狗的主人，平常不會因為寵物掉毛問題，而必須經常清掃，那就是牠們的掉毛量較少，也屬於比較不易糾結成團的毛質。由於是從貓咪或狗狗身上的不同部位所梳下的毛，難免在一疊毛片中粗細不均，質地不同，細中有粗，有軟也有硬。

溫�分的貓毛氈

以我家的小肥糖毛質來舉例，背上兩側梳下的貓毛質地細且軟，梳下的是底層落毛，顏色相較於表層所看到的顏色還要淺得多。貓咪肚子上的白毛所梳下的毛量極少，而背脊上的深褐色毛，梳下時夾雜在貓毛裡特別明顯，毛質粗硬，搓洗成貓毛球時這類的硬毛容易分岔出來，在製作針毛氈時，這類的硬質貓毛不易乖乖被戳入布裡，製作時如果只有一兩根，可以將它們挑出來，不會影響製作，或是把完成後的毛氈岔出表面的貓毛修剪掉即可。

選擇質地細軟的毛

混有部份質地粗硬的毛，在製作毛氈球時，毛的尾端容易岔出球體外。但也是貓狗毛氈球和羊毛氈球不一樣的且很特別的地方。

針毛氈時若遇到較粗硬的毛無法乖乖戳入布裡，通常是少部份一兩根，可以將它挑出，不會影響製作。

不太會掉毛，短毛貓或無底層絨毛的貓狗毛，就算梳下的毛量不多，可將梳下的毛累積至一定的量或者製作小毛片再製作。

🐾貓毛的粗細軟硬不同，硬的毛不易戳入布裡。

貓毛VS狗毛比一比

喜馬拉雅貓的毛：細、綿密、清洗貓毛片時較容易氈化打結。

蘇格蘭立耳貓的毛：細、蓬鬆、有底層毛與少許表層毛，製作貓毛氈的好材料。

蘇格蘭摺耳貓的毛：細、蓬鬆、有底層毛與少許表層毛，製作貓毛氈的好材料。

美國短毛貓的毛：細、蓬鬆、有底層毛與少許表層毛，製作貓毛氈的好材料。

柴犬的毛：粗、短、蓬鬆、充滿彈性，製作狗毛氈片時不易成型也不易氈化，製作狗毛氈球不易紮實，毛球呈現蓬鬆感。

哈士奇的毛：粗、毛長，製作狗毛氈片與毛氈球都沒問題。

黃金獵犬的毛：粗細均勻、毛長、製作狗毛氈的好材料。

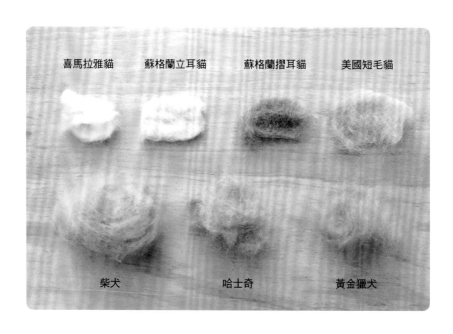

喜馬拉雅貓　　蘇格蘭立耳貓　　蘇格蘭摺耳貓　　美國短毛貓

柴犬　　　　　　哈士奇　　　　　黃金獵犬

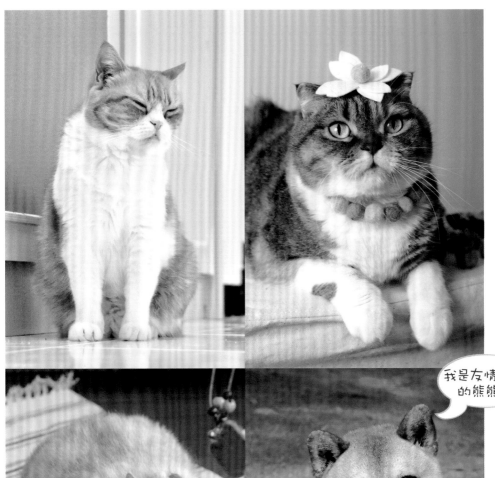

我是友情客串的熊熊！

使用工具和材料零件

⑥ ③ ② ⑮ ④ ① ⑤

①針
②手縫線
③羊毛氈專用戳戳樂針，簡稱戳針。
④羊毛氈專用戳戳樂針：內有三根針，戳大面積時使用。
⑤毛刷墊：使用戳針時，將毛刷墊墊在布的下方，毛刷會支稱布面，當布面上使用戳針向下將毛戳入時，戳針穿透在毛刷之間的空隙中。

⑥銅板：描圓形用。
⑦繡線：縫粗線字形或裝飾線時使用。
⑧戒指台、別針台零件
⑨別針、項鍊釦頭、夾片
⑩珠鍊

⑪鈴鐺、項鍊夾頭
⑫C圈
⑬T針、9針
⑭木珠、鈕釦
⑮珠寶線：製作貓氈球手環、耳飾所使用的線。

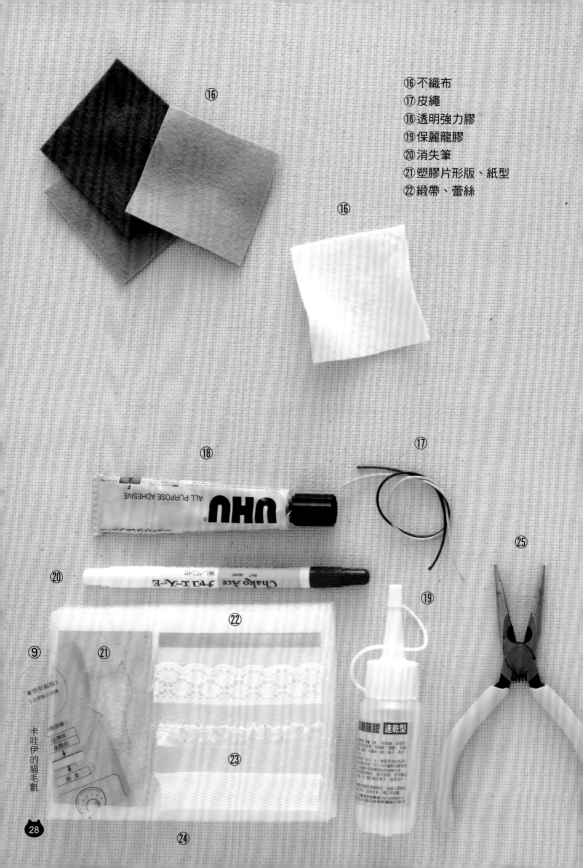

⑯ 不織布
⑰ 皮繩
⑱ 透明強力膠
⑲ 保麗龍膠
⑳ 消失筆
㉑ 塑膠片形版、紙型
㉒ 緞帶、蕾絲

⑯

⑯

⑰

⑱

⑳

㉒

⑲

⑨

㉑

㉓

㉕

㉔

卡哇伊的貓毛氈

㉓織帶

㉔厚氣泡墊：毛刷墊的替代
物，質地較硬，可以支
撐軟布以利戳針運針，可
以自行裁切大小，方便使
用。

㉕尖嘴鉗：扳開或夾緊金屬
片時使用。

㉖棉花

㉗手機繩

㉘造型別針

㉙髮夾

㉚尖嘴鉗（扁夾）：壓平C圈、
鋁線。

㉛彎嘴鉗：彎摺9針、鋁線。

㉜拉鏈

㉝剪線刀：剪線使用。

㉞剪刀：剪不織布、緞帶。

㉟夾子：輔助固定摺布。

Part 2

Basic skill

貓毛氈基本技巧

💧水毛氈

毛氈片

沒有戳針工具的朋友，可以利用水毛氈片輕鬆製作貓毛小物。水毛氈法的缺點是形狀不好掌握，圓形和橢圓形的毛片最容易成功。小毛片清洗簡單，就算貓毛量不多也能製作。

製作步驟

1 取少量貓毛，放入水中，充分浸濕。

2 在貓毛上噴上清潔劑。

3 輕輕搓揉使貓毛氈化，一邊將貓毛邊緣整理成橢圓形。

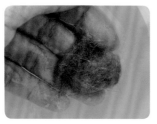

4 以清水清洗時，要保持讓貓毛不散開，同時修飾貓毛橢圓型邊緣。

5 貓毛片洗淨後，用毛巾把水吸乾。

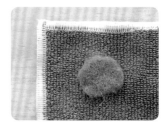

6 靜置待充分乾燥。

卡哇伊的貓毛氈

32

💧水毛氈

毛氈球

收集貓毛時，有些鬆散的原毛或不成片狀的，可以集合來搓揉製成毛氈球，大大小小毛氈球製作的貓毛氈小物，十分可愛。

製作步驟

1 將貓毛充分浸水。

2 噴上洗潔劑。

3 在掌心開始輕輕地搓圓。

4 不要急著把貓毛搓壓成球狀，應該是輕輕地、緩緩地將貓毛均勻搓圓。

5 先搓成均勻的球型後，再漸漸搓成紮實的毛球。

6 將搓好的貓毛球放在清水中清洗乾淨，

7 放在吸水布上靜置，讓毛球充分乾燥。

針毛氈

無紙型

針毛氈是以一種特殊工具戳戳樂針（簡稱戳針），連續戳刺原毛使之牢固、成型或附著於布上的方法。製作貓毛氈小物，很適合以戳針將貓毛氈化於不織布上，再做各種的變化。

1 直接在布上畫出圖形線條。

2 將貓毛戳入布裡。

3 邊戳邊修整邊緣。

4 漸漸戳出完整圖形。

5 毛氈的背面。

6 局部戳入不同顏色的貓毛。

7 縫眼睛。

8 縫鬍鬚。

9 另一片不織布縫上別針。

10 以背面入針，穿過別針上的孔。

$\mathcal{11}$ 左右來回縫兩次，在背面打結。固定別針。

$\mathcal{12}$ 另一個別針孔以同樣方式縫合。

$\mathcal{13}$ 上下兩片不織布以布邊縫縫合。

$\mathcal{14}$ 由上片出針後，線繞過針下。

$\mathcal{15}$ 再由下片入針，上片出針，線再繞過針下。

$\mathcal{16}$ 約剩3～4公分開口時，塞入適量棉花。

$\mathcal{17}$ 將開口繼續縫合。

$\mathcal{18}$ 最後一針穿過第一針的第一條線。

$\mathcal{19}$ 從背面入針，把線拉直。

$\mathcal{20}$ 打結後，將線頭藏入布裡。

$\mathcal{21}$ 貓咪別針完成。

貓毛氈基本技巧

ⓝ 針毛氈

有紙型

若是深色布料無法畫線條於布上時，可在卡紙上鏤刻紙形，再以針戳毛氈製作。使用戳針製作貓毛氈小物，以小飾品的運用最廣泛，可以戳字，也可以戳幾個圓型做個貓腳掌，配戴在包包或手機上，十分可愛搶眼。

製作紙型

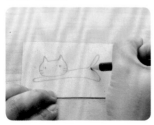

1 在卡紙上畫出圖形。

2 剪下圖形。

3 膠帶黏貼剪開的部分。

4 紙型製作完成。

*當衣服有破洞、髒污，或是想
拆掉衣服上原有的LOGO換上
自己喜歡的圖案，都可以試試
這個方法。

5 將毛刷墊放在衣服布面下
方。

6 將紙型放在布面上。

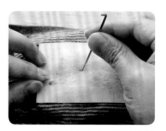

7 取適量的貓毛，以戳針將
毛戳入布裡。

8 把慢慢貓毛戳入，越戳越
緊密。

9 貓咪形狀。

10 縫上貓咪表情，完成。

貓毛氈基本技巧

可愛手作雜貨應用

手指娃娃

💧 水毛氈／毛氈片

材料：貓毛、塑膠版型、清潔劑、
　　　水盆、保鮮膜或塑膠袋

1 塑膠片剪出一個貓咪形狀。

2 取少許貓毛一層一層均勻包覆塑膠片。

3 大約包覆3～4層，包覆至看不到塑膠片。

卡哇伊的貓毛氈

4 將包覆好的貓毛充份浸水。

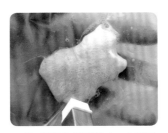

5 手套入塑膠袋中，包覆的貓毛片放在手掌中，噴上少許清潔劑。

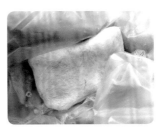

6 由上而下，用指腹輕輕搓揉貓毛一邊氈化，一邊將貓毛裡的空氣輕輕擠出。

7 空氣漸漸擠出後，貓毛也因為氈化變得緊實。

8 用手指輕輕搓一下貓耳朵的部分，使之氈化。

9 用清水充分洗淨，清洗時要輕輕的，以免貓毛因為不當沖洗而變形或鬆脫。

10 取出貓毛片放在毛巾上吸去多餘的水份。

11 靜置乾燥後，在貓毛片下方剪開個小洞，剪一道開口。

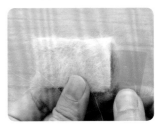

12 取出塑膠片。

13 剪出尾巴部分，注意不可剪斷。

14 尾巴處浸水後，搓出條狀，待充份乾燥後，再縫上表情。

可愛手作雜貨應用

41

迷你貓偶

💧 水毛氈／毛氈球 · ⚡ 針毛氈

材料：少許貓毛和兩顆貓毛球，貓毛球不要小於2公分，
　　　太小的毛球不易製作。

卡哇伊的貓毛氈

1 將貓毛以針戳氈化製作兩個貓耳朵，尾端留下一些毛先不針氈。

2 將貓耳朵下方預留的毛戳入貓毛球裡。

3 兩個貓耳朵戳入毛球完成。

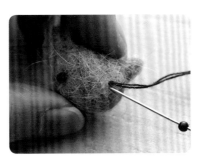

4 由頭部底下入針，縫上眼睛，鬍鬚。

5 頭部的鬍鬚縫好打結後，不剪線，直接將針線穿入另一顆毛球。

6 拉緊線，在底部打結，將線藏進毛球裡。

喵～
這是我嗎？

7 小貓偶完成。

繩編項鍊

💧 水毛氈／毛氈球

材料：貓毛球、木珠、夾片、釦頭、夾頭、皮繩

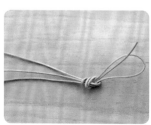

1 項圈編織製作
剪一條約140公分長、一條約70公分的皮繩，將一條皮繩對摺，打一個簡單的結。

2 將皮繩套在筆上，開始做三條編織。

3 編織到所需長度，將皮繩剪齊，夾片固定。

4 皮繩另一端也剪齊，以夾片固定。

5 貓毛球墜飾製作
針線穿過毛球後，打結。

6 針線再往回從毛球入針，完成藏線頭固定，剪掉多餘的線。

7 針穿過三顆木珠。

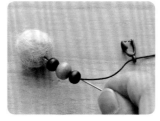

8 再穿過項鍊夾頭，往木珠和毛球回穿。

9 由毛球底部出針，打結。

10 再將線頭藏近毛球裡。毛球墜飾完成。

11 組合
把墜飾上的夾頭夾在編織皮繩上。

12 完成。

毛球耳環

💧 水毛氈／毛氈球

材料：耳環、C圈、貓毛球兩個

1 針線穿過毛球。

2 在毛球上打個結。

3 離0.2公分左右穿回毛球另一頭。

4 將剛才多餘的線尾剪斷，完成藏線頭的動作。

5 穿過第二顆球。

6 穿過封閉的C圈。

7 往回穿過毛球。

8 在底部打結，再將線藏入球裡，剪線，完成藏線頭。

9 組裝在耳環上。

10 完成。

毛球手環

💧 水毛氈／毛氈球

材料：大小貓毛球數顆、木珠、釦頭、夾片、延長鍊

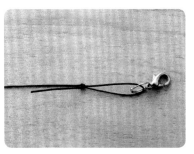

1 針線穿過釦頭環。

2 打一個結。

3 針線穿過木珠。

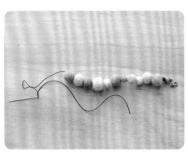

4 針線穿過大大小小的貓毛球。數量多寡視自己所需長度而定。

5 針線穿過木珠,再穿過鍊子上的圈環,針線再回穿過木珠。

7 完成。

6 把結打在線上固定。

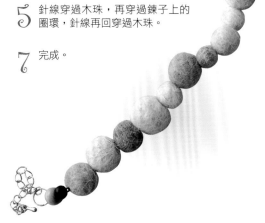

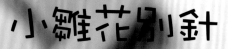

小雛花別針

水毛氈／毛氈球

材料：別針台、毛球、花形不織布兩片

頭上
開出一朵花

1 將兩片花形不織布疊在一起，從背面中央入針，正面出針。

2 穿過毛球。

3 毛球當做花心。

4 在毛球上打結、

5 距離打結處0.2公分入針。

6 針穿回到花形背面後打結固定。

7 把花形縫在別針網片上。

8 網片背面。

9 將網片固定在別針台上。

10 完成。別針背面。

雲朵別針

💧 水毛氈／毛氈球

材料：別針、貓毛球六顆、 雲 貓 魚形不織布各兩片、C圈數個

1 製作串飾
將一顆毛球藏線打結後

2 針線穿過另一顆毛球，預留雲朵的位置。

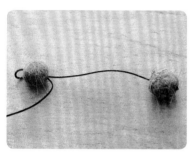

3 穿過C圈環後，針穿回毛球後。

4 打結後，將線藏入毛球裡。

6 三款串飾製作完成。

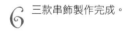

5 將雲朵黏貼在預留的線上。

7 將三款串飾組合在別針上。

皮繩項鍊

● 水毛氈／毛氈球

材料：皮繩、T針、木珠、C圈、釦頭、夾片、毛氈球
　　　（毛氈球數量請依個人喜好自己增減）

1 用粗一點的針將毛球中間穿一個洞。

2 T針穿過木珠，再穿過毛球。

3 將T針另一邊的尖端做成圈環。

4 用C圈將球飾裝在編織皮繩上。

55

櫻桃耳環

💧 水毛氈／毛氈球

材料：貓毛球兩顆、耳環

1 玉線打個結，做一個吊環。

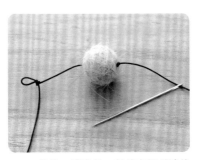

2 線的一邊穿針，針線穿過毛球後打結，

3 針線穿回毛球裡藏線。

4 將多餘的線剪掉，完成一邊。另一邊依相同方法製作。

5 將吊環放入耳環的鉤環裡。

6 完成。

吊飾

材料：橢圓形毛氈片、不織布約5×6公分兩片、三角形咖
　　　啡色不織布兩片、8公分緞帶、黑色油珠兩顆、10
　　　公分珠鍊

1 以黑色油珠當作貓咪眼睛，將毛氈片縫在不織布上。

2 縫出貓咪鬍子。

3 黏上貓咪耳朵。

4 以消失筆在布上畫出橢圓形。

5 將兩片不織布重疊，沿線剪下。

6 以平針縫將兩片不織布縫合。

7 緞帶對摺，置入兩片不織布中間，繼續以平針縫縫上緞帶。

8 縫完打結，將線結藏進布裡。

9 以消失筆擦掉畫筆線條。

10 貓咪吊飾完成。

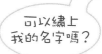

可以繡上我的名字嗎？

小兔森林布書衣

🄵 針毛氈／無紙型

材料：筆記本、不織布

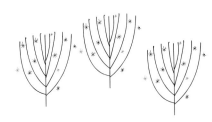

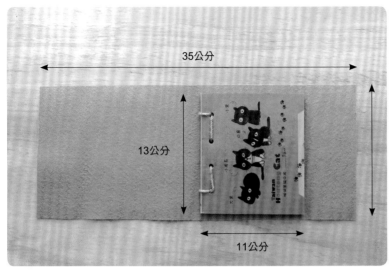

1 測量製作筆記本書衣所需不織布的長寬。

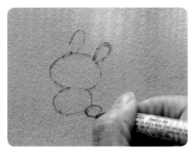

2 在書衣封面上畫出兔子形狀。

3 將貓毛均勻戳入布內。

4 縫上兔子的眼睛、鼻子、嘴巴。

5 黏上蝴蝶形狀的不織布。

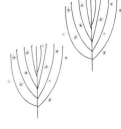

可愛手作雜貨應用

61

6 以平針縫上蝴蝶飛舞的裝飾虛線。

7a 蝴蝶身體固定。

7b 蝴蝶觸鬚製作。

7c 打個繞兩圈線的結，又稱結粒繡。

8 縫上小樹。

9 封面縫製完成。

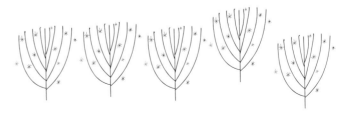

10 將不織布兩邊摺口，以地毯邊縫合。

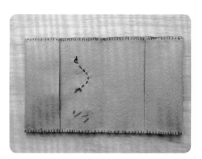

11 布書衣內面

11 布書衣封面

12 將筆記本套入布書衣內，完成。

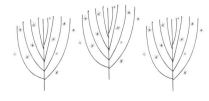
麻迷，下次要拿我當主角喔～

磁鐵

針毛氈／有紙型

材料：5公分不織布兩片、
　　　卡紙、磁鐵

唉？
這是我嗎？

卡哇伊的貓毛氈

1　卡紙上畫出貓咪圖形。

2　剪下或割下形狀。

3　將紙形放在不織布上。

4　以戳針將毛戳入布內。

5　戳針時要注意不要戳到紙型邊緣，以免不當使用造成斷針。

6　取下紙形，將圖形邊緣整修一下。

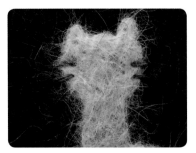

7　縫上貓鬍鬚。

8　兩片不織布重疊，剪出圓邊。

9　將上下兩片以捲針縫合。

10　由上片出針。

11　再由下片入針，上片出針。重複動作。

12　剩3～4公分開口時，塞入適量棉花。

✿可以自己設計貓咪造型喔！

13 放入磁鐵。

14 繼續以捲針縫合。

15 最後不織布兩片中間出針並打結。

16 把結與線頭藏進布裡。

17 貓咪磁鐵完成。

喵～好可愛的貓咪磁鐵！跟我一樣卡哇伊～

哼！自戀貓你才沒有那麼瘦！

雪人口金包

材料：不織布、繩子、帽子配件、口金

1 在不織布畫出雪人形狀、戳入貓毛。

2 縫上眼睛與米字星。

卡哇伊的貓毛氈

68

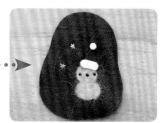

3 黏上帽子。

 4 穿上五色線當做圍巾。

5 雪人毛氈背面覆蓋一層不織布，以防止與毛氈摩擦。

6 在兩片布上方分別以捲針縫上繩子，做口金包時的夾口用。

7 將上下兩片的下半段以地毯邊縫縫合。

8 上方縫繩子處塞入口金中。

9 包覆一塊布，以尖嘴鉗將口金夾緊。

10 完成。

毛刷布手套

⑰ 針毛氈／有紙型

材料：毛刷布手套一雙，布料無彈性，
　　　貓毛可直接戳入布料裡。

1 做一個紙型。

2 用海綿做墊子，塞入手套裡。

3 紙型放在手套表面，將貓毛戳入。

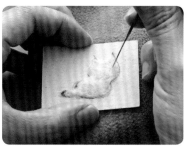

4 慢慢在紙型內均勻將貓毛戳入。

5 取下紙型後，修飾一下邊緣。

6 可縫上木珠當做貓項鍊，手套裝飾完成。

蝴蝶花園髮夾

針毛氈／無紙型

材料：不織布、髮夾

卡哇伊的貓毛氈

1 在不織布上戳入貓毛。

2 縫上線條。

3 上下兩片不織布以地毯邊縫合。

4 背面縫上髮夾。

5 完成。

毛毛蝴蝶
和毛毛花……

布墊提袋

⬤ 針毛氈／無紙型

材料：餐布墊、織帶、不織布

一起去散步～

卡哇伊的貓毛氈

1 在不織布上戳入貓毛形狀。

2 縫上貓咪表情。

3 剪下不織布多餘邊緣。

4 以平針縫將不織布縫在餐布墊上
適宜位置。

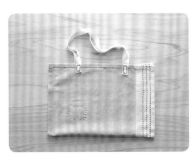

5 餐布墊反摺，布兩端邊緣以回針
縫縫合。

6 剪兩條約50公分的織帶，分別縫
在袋子開口適宜處。

悠遊卡袋

針毛氈／無紙型

材料：不織布、緞帶

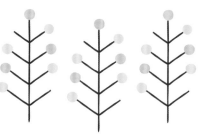

1 不織布的摺法，此為背面卡片置入處

2 正面畫出圖案。

3 戳入不同顏色的貓毛。

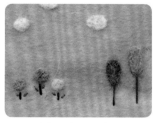

4 縫上線條，變成小花與小樹。

5 縫緞帶處剪開一個約0.8公分的開口。

6 將緞帶對摺後放入。

7 開口處以平針縫合。

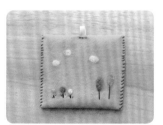

8 兩側分別以捲針縫縫合。

9 背面袋口。

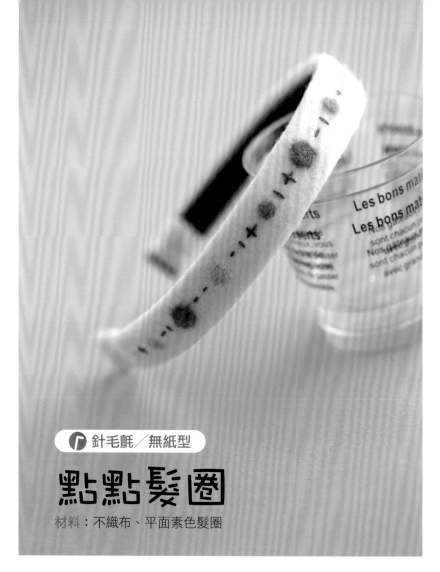

點點髮圈

材料：不織布、平面素色髮圈

1 剪一塊髮圈長，5公分寬的不織布。

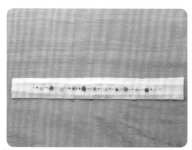

2 在不織布上戳入幾種不同顏色貓毛的小圓點，並縫上＋、－等符號裝飾線。

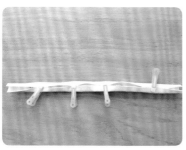

3 布往內摺，以夾子輔助。

4 接縫處以斜針縫合。

5 布的兩端也縫合。

6 在髮圈表面塗上透明強力膠。

7 把布貼黏於髮圈上。

8 以夾子夾住兩端，靜置一天等膠
　完全乾燥。

9 將緞帶分別纏繞、黏貼在髮圈兩
　個末端。

10 緞帶尾端收進纏繞的緞帶裡，加
　強固定。

走路貓帽子

針毛氈／無紙型

材料：棉布帽一頂、黑色油珠

1 在帽子上畫出圖形。

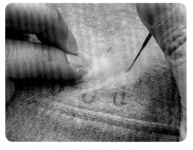

2 取適量貓毛慢慢戳入布裡。

3 戳出完整形狀。

4 縫上貓咪表情。

5 由於帽子的內側有彈性纖維,運針時要小心,不要太過用力以免不當使用而斷針。

6 以不織布覆蓋。

7 沿毛氈圖案周圍縫一圈,目的是隔離毛氈,防止摩擦。

8 完成。

蕾絲花圈戒指

材料：蕾絲緞帶、不織布圓型兩片、貓毛氈
　　　小圓片、活動戒指

卡哇伊的貓毛氈

1 將蕾絲一邊打摺，一邊沿著圓形不織布片圓周縫上。

2 縫好一個小花圈。

3 將另一個圓形不織布片縫在戒台上。

4 將戒台上的和小花圈的不織布兩片縫合。

5 小花圈中間黏上已戳上圖案的貓毛氈小圓片。

6 完成。

圍巾

針毛氈／有紙型

材料：素色圍巾、緞帶

1 卡紙上畫出圖形。

2 剪下圖形，製作紙型。

3 紙型放在圍巾適宜位置。

4 取適量貓毛，將貓毛均勻戳入圍巾布裡。

5 小心修飾紙型輪廓的貓毛。

6 取下紙型後，修飾邊緣。

7 縫上一個緞帶蝴蝶結。

喵～我也想戴蝴蝶結！

可愛手作雜貨應用

相框

🎵 針毛氈／無紙型

材料：相框、不織布、黑色油珠

1 不織布上戳入貓咪形狀。

2 戳入不同顏色的貓毛做色塊。

3 縫上眼睛、鬍鬚,繡上HELLO英文字。

4 裝入相框中。

雜貨應用

布包釦

針毛氈／無紙型

材料：包釦材料有正背兩個
　　　圓形片、棉布、不織
　　　布

1　棉布上戳入貓毛。

2　縫製圖案。

3　畫出圖案內圈與外圈，內
　　外圈距約1.5公分

4 沿布外圈剪出圓形。

5 棉布正面圖案向下，放在製作包鈕的圓形軟塑膠工具裡。

6 再放入製作包鈕的圓形片。

7 以工具藍色塑膠壓鈕壓入。

8 壓入包鈕的圓形片後。

9 接著再放入製作包鈕的背面圓片。

10 藍色塑膠壓鈕反置，壓入背面圓片。

11 這時候背面圓片壓入前一圓片裡，將布固定包在裡面。

12 取下白色軟塑膠工具，包鈕完成

寵物項圈

針毛氈／無紙型

材料：不織布、織帶、夾片與釦頭、黑色油珠

卡哇伊的貓毛氈

1 在不織布上戳入貓毛。

2 繡上寵物名字「包子」和貓掌圖案。

3 將兩片不織布長邊以平針縫合。

4 將織帶放在兩片不織布中間,再將上下片不織布邊緣以平針縫合。

5 織帶兩端固定夾片。

6 完成。

我的專屬項圈耶!喵～

Bubi:我也有專屬畫像!

可愛手作雜貨應用

貓臉耳夾

針毛氈／無紙型

材料：約8公分長鋁線兩條、兩公分不織布
　　　圓形片正背面兩片，正面製作貓毛
　　　氈備用。

1 將鋁線捲曲。

2 兩端捲成螺旋狀。

3 將兩小圓片以平針縫半圈，將鋁線其中一端的螺旋放入小圓片裡。

4 繼續以平針縫合。

5 外側的螺旋向背面彎摺。

6 耳夾完成。

夾在耳朵上，好像戴耳機！

小兔毛線手套

材料：毛線手套一雙，毛線手套縫隙與彈性都很大，貓毛不適合直接戳入，
可在不織布片上製作好貓毛氈圖案，再將之縫在手套上裝飾。

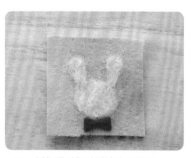

1 製作貓毛氈片戳出兔子頭形。

2 縫上表情。

3 剪出形狀。

4 以捲針法的貼布縫縫在手套上。

卡哇伊的貓毛氈

杯墊

針毛氈／無紙型

材料：不織布兩片

1 不織布上戳入貓毛。

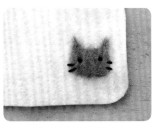

2 縫上眼睛、鬍鬚。

3 兩片不織布重疊，邊緣以平針縫縫合。

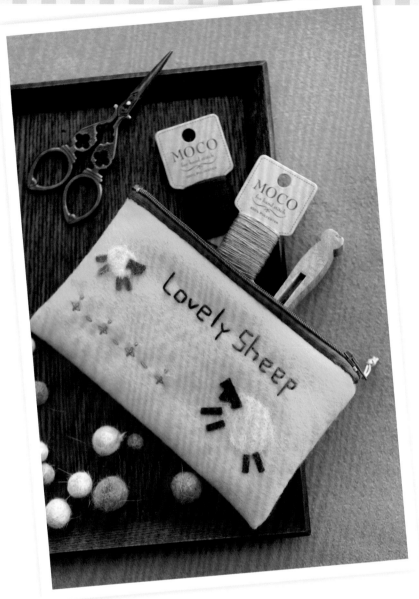

綿羊拉鏈筆袋

🔘 針毛氈／無紙型

材料：不織布、拉鏈

羊毛出在
貓身上？

1 不織布上戳入一大一小橢圓形的
貓毛。

2 不織布剪出綿羊頭形與四隻腳，
黏貼到毛氈上的適宜位置。

3 以繡線縫上Lovely Sheep英文字。

4 拉鏈和布面正對正，以回針縫將
拉鏈縫在布邊上。

5 拉鏈另一側則縫在另一布邊上，
布兩端以回針縫縫合。

6 縫合後，翻至正面。

可愛手作雜貨應用

97

針毛氈／無紙型

手機吊飾

材料：不織布、C圈、緞帶、吊繩

1 戳針將貓毛均分戳入布裡。

2 縫上貓咪表情。

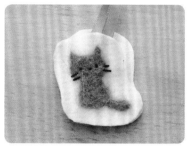

3 將不織布剪成兩片一樣的形狀，緞帶對摺做吊環。

4 兩片不織布周圍以平針縫合。

5 用C圈把吊飾和手機吊繩連接組裝。

6 完成。

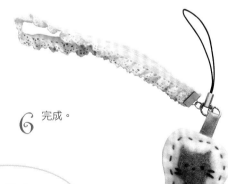

我沒手機，
可是人家也想要一個！

蕾絲花髮圈

🅵 針毛氈／無紙型

材料：絲緞帶、不織布圓型兩片、貓毛
氈小圓片、髮圈

1　將蕾絲一邊打摺，一邊沿著圓形不織布片圓周縫上。

2　縫好一個小花圈。

3　貓毛氈小圓片黏貼在小花圈上。

4　將不織布黏貼在髮圈適宜位置。

5　再將小花圈與不織布縫在髮圈上固定。

6　完成。

其他作品

❶ 毛點點手環
❷ 小書卡
❸ 大圓片手環
❹ 骰子
❺ 手機吊飾提帶
❻ 貓咪皮繩項鍊

❶　❷

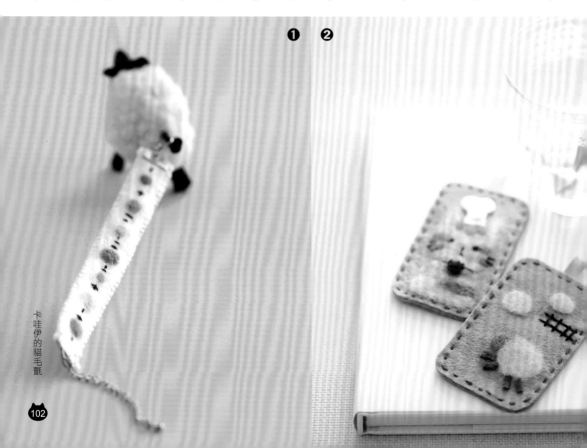

卡哇伊的貓毛氈

③ **④**

⑤ **⑥**

卡哇伊的貓毛氈

⑧ ⑨

⑩ ⑪

本書貓毛供貨商

此次貓毛氈作品，大多以家裡肥貓們的毛來製作。

包子、小肥糖和圓圓的毛貢獻最多，尤其以包子的毛運用範圍最廣。

特此感謝這幾位肥貓供應商。

包子：所以，我可以再多吃一點點嗎？

小肥糖：我也要！

圓圓

性別：女生

年齡：10歲

生日：2000-4

品種：美國短毛貓

體重：4.9 kg

*圓圓是包子和小肥糖的媽媽

小肥糖（黑糖、糖糖）

性別：女生

年齡：7歲

生日：2003-11-25

品種：蘇格蘭摺耳貓

體重：3.5～3.8 kg

*小肥糖是包子的妹妹

肥豆（小紅豆）

性別：男生
年齡：7歲
生日：2003-10-30
品種：蘇格蘭摺耳貓
體重：5.4 kg

Bubi（鼻鼻、噗鼻）

性別：男生
年齡：14歲
生日：1996-10
品種：喜馬拉雅貓
體重：5.1～5.3 kg

包子

性別：男生
年齡：7歲
生日：2003-11-25
品種：蘇格蘭摺耳貓
體重：6.8～7 kg

＊包子是小肥糖的哥哥

可愛手作雜貨應用

包子

　　包子是小肥糖的哥哥，出生時算健康的貓，但從小肚子就圓滾滾的，一直到長大肚子好像也沒變小，跟取名「包子」有關嗎？包子有一雙單眼皮的鳳眼，看起來兇兇的，又呆呆的，很像貓界的柴犬，個性其實很「俗辣」，一覺得有不對勁先躲起來再說。真的是太胖啦，算是貓咪相撲界的貓力士，個性很溫和，喜歡在地上打滾，（原來貓肥肚是這樣滾出來的啊！），喜歡麻迷幫他梳毛，喜歡吃東西，雖然胖歸胖，玩起逗貓棒、追逐小東西可是強的咧，可說是十分靈活的胖子啊。

包子：肥也是一種才華啊！

小肥糖

　　圓圓生產時並不順利，小肥糖出生時一度沒有呼吸，因為是在獸醫院待產，醫生即及急救恢復她的呼吸與心跳，交待我們這隻小貓這兩週內一定要特別照顧，讓她要時常吸奶喝，以增強她的體力，也要注意不要讓母貓壓到她脆弱的身體。

　　小肥糖沒什麼脾氣，除了幫她滴耳藥時會抓狂，掛腳腳是她的招牌動作，平常就是發呆、睡覺、吃東西，喜歡追逐紙球玩耍，喜歡舔自己的腳掌，表情喜憨，動作有點緩慢不協調，因為前腳比較短，走起路來咚咚作響、搖搖晃晃，小肥糖有不怕水、喜歡泡熱水澡的才藝，會在浴缸水裡划過來划過去喔。

　　小肥糖從小就是貓雜誌的貓豆，上過貓雜誌與手作雜誌的封面，三立新聞也特別來採訪，蘋果日報副刊「今日我最喵」首發貓明星，還跟著貓小P麻迷去上電視節目喔。

小肥糖：貓豆是什麼？可以吃嗎？

圓圓

有一張不爽賓士臉，頭很大，生小貓時補了身子，身體變很壯，常被誤認是公貓。體態優雅，動作靈活，聰明活潑，很黏人，會爭寵，愛找貓咪打架。常常站著就瞇著睡著，喜歡掛頭睡覺。

圓圓：不要惹我！其實我天真又可愛。

Bubi

1998年從學姐那兒領養來的貓，Bubi的藍眼睛和灰毛和優雅體態，讓我一眼就愛上他，只是偶爾耍任性地尿床在我棉被上，他的個性溫和、親人、聲音低沉有磁性，有了Bubi之後，我開始了創作貓雜貨與畫貓咪日子。

Bubi：我已經是老爺爺了~

肥豆

家中曾有一隻與我們在一起5年時光的貓「可可」，她是可可色虎斑花色的蘇格蘭摺耳貓，2005年10月因急性腎衰竭過世。肥豆是可可的小孩，除了顏色和性別之外，聲音、脾氣、個性、習性、姿態都遺傳到可可的基因，喜歡四腳朝天躺睡，脾氣差又愛兇人，個性孤僻、怕生，卻又霸道自我，愛當老大，肥豆有雙圓潤的腮幫子，引人發笑，活潑好動，靜不下來，他會只靠後腳蹬高像狐獴那樣站立，有超強的肌肉，很會跑也很會跳。

肥豆：我就是皮，怎樣？不然你咬我啊！

關於貓咪的居家照護

照顧貓咪的身體外在健康，除了經常幫貓咪梳毛，定期洗澡，修剪指甲，清潔眼睛四周與耳朵，最主要還是體內的健康照顧，也就是要讓貓咪的飲食營養均衡，

給貓咪吃好的，且能提供足夠維生素成份的糧食，並提供貓咪充足的乾淨飲水。

貓咪的身體機能不好，最直接反應在皮毛上，所以平常就應該多多注意貓咪的飲食。貓咪的皮毛是否健康，可以從平時幫貓咪梳毛來觀察，看看貓咪是否有過多皮屑與搔癢過敏的情況。如果是細菌、灰塵引起的皮屑或黴菌，可幫貓咪洗澡或隔離潮濕環境來做改善，貓咪皮毛缺乏梳理照顧，可能會有貓毛打結、掉毛、皮膚病等情況產生。

我是包船長！

肥貓海賊團出發！

若發覺貓咪皮毛嚴重缺乏彈性、失去光澤，很可能身體已經出了問題，這時候幫貓咪洗澡、梳毛再多都沒用，應該盡快就醫，但這些都是我們不樂見的情況。

所以，貓咪的均衡飲食是最重要的，此外，讓貓咪有足夠的活動空間，居住環境保持整潔，不過熱，也不潮濕，多多陪伴貓咪，也能提高貓咪的免疫力不易生病喔。

C O P Y R I G H T

腳丫文化
■ K059

卡哇伊的貓毛氈

國家圖書館出版品預行編目資料

卡哇伊的貓毛氈 / 貓小P著. --初版--. --臺北
市：腳丫文化，民100.05
面；　公分. --（腳丫文化；K059）
ISBN 978-986-7637-69-7（平裝）

1.手工藝

426.7　　　　　　　　　100006360

著 作 人：貓小P
社 　 　 長：吳榮斌
企 劃 編 輯：陳毓葳
行 銷 企 劃：劉欣怡
美 術 設 計：游萬國
出 版 者：腳丫文化出版事業有限公司

總社・編輯部

社 　 　 址：104 台北市建國北路二段66號11樓之一
電 　 　 話：（02）2517-6688
傳 　 　 真：（02）2515-3368
E - m a i l：cosmax.pub@msa.hinet.net

業 務 部

地 　 　 址：241 新北市三重區光復路一段61巷27號11樓A
電 　 　 話：（02）2278-3158・2278-2563
傳 　 　 真：（02）2278-3168
E - m a i l：cosmax27@ms76.hinet.net
郵 撥 帳 號：19768287 腳丫文化出版事業有限公司

國內總經銷：千富圖書有限公司（千淞・建中）
　　　　　　（02）8251-5886
新加坡總代理：Novum Organum Publishing House Pte Ltd
　　　　　　　TEL：65-6462-6141
馬來西亞總代理：Novum Organum Publishing House(M)Sdn. Bhd.
　　　　　　　TEL：603-9179-6333
印 刷 所：通南彩色印刷有限公司
法 律 顧 問：鄭玉燦律師　（02)2915-5229

定 　 　 價：新台幣 280 元
發 行 日：2011 年 5 月　第一版　第 1 刷